开启梦想家居的 5 把密匙

神奇隔断

Wonderful Division

300个倾情奉献的独家案例

两岸明星设计师的私享功作

风靡全球的至潮风格宝典

拒绝纸上谈兵，手把手教你装修实战术！

细部装修要诀，5本一网打尽！

爱家36计，要"变脸"，更要"hold"住钱包！

博远空间文化发展有限公司 主编

U0298706

华中科技大学出版社
http://www.hustp.com
中国·武汉

PREFACE

序言

我们居住的环境被划分为一个个区域，家就存在于这一个又一个的区域之中。我们用围墙来圈定住宅的范围，用一扇门来区隔家与外面的世界。而无论家的大小，我们总会把它分成不同的功能空间。本书将带您看看如何借助有创意的隔断设计，最大程度地发挥空间的利用价值。

除了传统意义上的实体墙、帘、门可以作为隔断，在我们的空间中可以利用更多无形的设计元素来形成区隔：灯光、色彩、地板、家具其实都可以形成看似串联实则独立的隔断。比如利用两盏吊灯所在位置的不同确定客厅和餐厅的不同功能区域；将墙壁刷成不一样的颜色就可独立出一个阅读区；利用地板的高低差分割不同的功能空间；一个小小的吧台区隔厨房和餐厅……

将两个或多个空间区隔，赋予空间不同的含义。本书将为您展现诸多由隔断创造出的新意空间。在这里，您会惊喜地发现：原来隔断还可以这样用！

目录　**CONTENTS**

界定空间转换的标尺
LIMITED SPACE

在家居空间中，除了实体墙起到分割空间、划分不同生活区域的作用，有一个更加灵活的角色也具有同等功能，那就是隔断。在有限的空间中，巧妙地利用隔断可以定位出更多生活空间和细节空间，可封闭，可开放，让有限空间拥有多种样貌，制造出移步换景的空间格局，让空间的利用更加清晰、美观。

006

界定空间转换的标尺 Limited space

在家居空间中，除了实体墙起到分割空间、划分不同生活区域的作用，有一个更加灵活的角色也具有同等功能，那就是隔断。在有限的空间中，巧妙地利用隔断可以定位出更多生活空间和细节空间，可封闭，可开放，让有限空间拥有多种样貌，制造出移步换景的空间格局，让空间的利用更加清晰、美观。

低姿态隔断串联空间

在餐厅和客厅之间运用一堵大理石矮墙来区隔空间，适当的高度既满足了两个不同生活领域的私密性，同时又在空间上方留白，将两个空间串联起来，保证了空间的延续。

🍃 1. 软性线帘区隔卫生间和生活区域

摒弃传统的实体门设计，运用拱门造型搭配一面朱红色线帘，利用线性隔断界定卫生间和外间的生活区域，隔而不断的视觉效果让空间更显宽敞。

🍃 2. 互为景观的展示性隔断

延伸至天花板的大幅定制博古架将传统中式韵味带入家居空间。双向开放的展示架在琳琅满目的古玩珍藏映衬下，形成一面深具文化底蕴的端景墙，在界定餐厅和外间客厅空间的同时成为两个生活领域的共享景观。

🍃 3. 电视墙也是隔断墙

造型简单、小巧的电视墙同时成为餐厅和客厅之间的隔断墙，墙体上方及两侧的空间留白让空间得以延续，体现出家居设计的整体性。

🍃 1. 地板和吧台界定生活区域

厨房区的吧台利用上接天花板的白色墙体和木质地板的边缘线形成上下呼应，清晰界定出厨房和外间的不同生活区域。

🍃 2. 电视墙区隔起居空间

电视墙的设置在满足造型功能的同时起到区隔卧室和客厅两个不同起居空间的作用。

🍃 3. 沙发、横梁和色彩的三重奏

天花板上的横梁及黑色涂漆与下方的白色沙发共同形成空间隔断，界定客厅和工作区域。

🍃 1. 玻璃材质打造通透隔断

白色墙体中空部位以透明玻璃镶嵌，有效隔断书房外界的声音干扰，但同时又保证了书房与外界视线的延续，打造出一个视野通透的空间。

🍃 2. 造型吊灯为中心的空间界定

餐厅与厨房虽然是一体式设计，但是利用餐桌上方的黑色造型板材和折线吊灯打造视觉焦点，强调就餐区的独立性。

🍃 3. 双客厅的造型墙隔断

利用电视造型墙切割公共空间，阻断视线的空间延伸，形成两个串联而又独立的客厅空间。

🍃 4. 双面收纳柜的巧妙隔断

吧台和视听娱乐区之间利用一面双面收纳柜进行隔断，同时白色柜身又保证了空间整体风格的统一。

🍃 1. "L" 形横梁界定餐厅区域

餐厅和客厅之间没有实体隔断，设计师运用天花板上"L"造型的转折横梁界定餐厅领域，同时又以木格栅造型墙贯穿整个空间，延续整体风格。

🍃 2. 不连续隔断让空间更宽敞

卧室和外间的客厅并没有设置封闭式隔断，而是运用造型独特的木质电视墙进行开放式界定。

🍃 3. 玻璃、马赛克、展示柜的协奏

餐桌上方运用茶色玻璃带和马赛克横梁强调就餐区的独特性。同时利用展示柜与客厅区隔。

1. 挑高空间的矮墙隔断

高挑的家居空间避免了空间的压抑，卧室和客厅之间仅以一面纯白色镂空矮墙进行区隔，并不影响空间的流动，保持了空间的自由本色。

2. 双隔断和灯具定位和式空间

在一条水平线上的电视背景墙和吧台形成纵向的空间划分，加上吧台上方的吊灯共同界出前面的客厅空间和后方的和式空间。

3. 以窗为门的平台延伸

占据一整面墙面积的落地窗搭配两级台阶，向内外延伸出两个不同的生活区域。

1.镂空屏风界定虚实空间

连接天花板和地板的巨幅镜面墙将餐厅空间在视觉上延伸，而镜前的镂空屏风则起到界定虚实空间的作用。

2.几何造型创造隔断趣味

包覆式造型隔断在公共空间内开辟出一个小型独立卫浴间。流线型的几何造型形成不规则门和盥洗台，打造趣味隔断。

3."Π"造型的空间切割

"Π"形的镂空屏风式隔断直接在公共空间中切割出一个独立的餐厅区域。

🍃 1. 用廊柱和台阶区隔生活领域

在欧式古典家居空间中，廊柱是室内装饰的一大特色。巧妙利用三根并排廊柱和抬高式地板的台阶设置，实现对客厅区和餐厅区的有效区隔。同时配合墙线的花纹和地板图案的转换，在同一欧式复古空间中运用细节注脚完成不同生活领域的界定和转换。

🍃 2. 不同材质形成的立体隔断

在墙角位置利用透明玻璃推拉门和磨砂玻璃搭配木质雕花外壳，形成一个立体的造型隔断，隐藏内部的另一生活领域。同时外侧墙壁运用大幅文化镜面创造空间景深，共同构建起一个组合式立体空间隔断墙。

🍃 3. 一体化的多功能隔断墙

运用折纸概念设计的大理石隔断墙作为电视背景墙的同时满足视听设备的收纳，半隔断的形式又避免了空间的压抑，成为具有多功能的空间隔断。

挖掘有限空间的无限潜力
EXPANDED SPACE

隔断的功能远不止区隔生活空间，现代生活的发展让人们对隔断这一空间重要角色诉诸更多需求。通过设计师的灵感设计，运用隔断达成更多奇妙用途，或满足功能需求，或进一步美化空间，让空间的实用功能得以强化，空间利用更加有效、合理，层次和格局也更加明朗、紧凑。

挖掘有限空间的无限潜力 Expanded space

隔断的功能远不止区隔生活空间，现代生活的发展让人们对隔断这一空间重要角色诉诸更多需求。通过设计师的灵感设计，运用隔断达成更多奇妙用途，或满足功能需求，或进一步美化空间，让空间的实用功能得以强化，空间利用更加有效、合理，层次和格局也更加明朗、紧凑。

1. 电视隔断墙开辟出迷你工作室

利用电视背景墙和实体墙转折处空出的一小块空间，添设桌椅和壁挂式收纳柜，构建起一个简易的书房空间。

2. 让隔断变成视觉焦点

在两个生活空间的转折处添设隔断墙，既可作为玄关处的端景墙，又能起到过渡的作用。本案中，隔断上方的收纳柜体搭配下方的壁挂式绿植，不仅满足收纳需求还为空间增添一抹绿色，让隔断成为两个空间的视觉焦点。

🌿 1. 弧形动线的暗示性隔断

在两个空间的分割线上添置一个立式柜体，并将钢琴放置在柜前，柜体和钢琴本身成为区隔内外两个空间的一部分。同时在钢琴上方以纯白局部造型天花，与地板弧形颜色相呼应，运用天地动线共同界定出一个开放式钢琴房。

🌿 2. 美观与功能兼具的隔断

靠墙一侧延伸出的白色横板与块状收纳抽屉有机组合，参差不齐的造型结构形成一个独特的收纳柜，满足收纳需求的同时，在茶话区和钢琴区之间形成隔断，具有创意的造型极富欣赏性。

🍂 1. 统一设计语汇的楼梯隔断

楼梯口的转弯处是餐厅，因此在楼梯和餐厅之间设置一面收纳和展示兼具的柜体作为隔断。纯白色的柜体与墙体颜色统一，打造一体化的视觉效果。

🍂 2. 流线型天花板引导隔断动线

客厅边缘处的天花板添设波浪形造型板装饰，界定出客厅和外间的不同空间领域。

🍂 3. 玻璃推拉门和柱体构成的走道隔断

左侧的菱格纹玻璃推拉门和右侧的开放式廊柱共同形成一个过道，作为两个生活领域的空间隔断。

1. 玻璃隔断和收纳架交汇出的就餐区

为避免厨房的油烟外泄，运用一面玻璃墙隔离，和对面的展示柜交汇出一个平行的餐厅空间。

2. 营造视觉空旷的开放式隔断

横竖交错的木栅构成一个开放式展示墙，加上左侧的可封闭、可开放的玻璃推拉门，房间有两面视野通透，打造出一个视觉空旷的开放空间。

3. 美化空间的推拉门隔断

为了在卧室内开辟出一块安静的工作、阅读空间，同时保护卧室的隐私性，本案运用半实体墙壁搭配一扇滑动式的木门，共同构成睡眠区和工作区之间的隔断。此外，墙体采用活泼的绿色，可减少空间狭促感。中式彩绘的木板门又给卧室增添艺术气质，营造出一个既实用又美观的隔断组合设计。

🍃 1. 楼梯栏杆的隔断功能

利用地板的错落高度搭配楼梯栏杆围筑区域，将客厅和餐厅区分开来，完成不同功能空间的区域划分。

🍃 2. 开放式隔断串联空间

同属娱乐功能空间的台球室和跑步室并未设置门隔断，而是以两面实体墙隔出的开放式入口作为隔断，同时串联起内外空间，打造一体化娱乐空间。

🍃 3. 软性线帘打造梳妆角

在墙角的位置利用一圈线帘垂坠下来，实现空间切割，打造出一个小巧的梳妆角。

1. 玻璃门界定娱乐和休憩空间

外间的台球室和内间的休闲聊天区以一扇木边镶框的玻璃门作为半隔断，实现区域界定的同时保证了两个空间视觉的连贯性。

2. 柜墙一体的双面妙用

床、柜的一体化设计打造出一面内外双用的隔断，在作为卧室空间一部分的同时，外侧的搁板层架也提供丰富的收纳展示功能。

3. 木作屋梁和柜体完成区域界定

天花板上的木作屋梁搭配光带，与收纳柜的边缘形成立体隔断组合，完成客厅沙发区和电视区的区域界定。

🍃 1. 横梁和地毯实现区域划分

天花板上的横梁和下方的地毯宽度形成上下呼应，打造出双客厅的空间格局。

🍃 2. 休闲隔断开辟双重功能空间

原本单一的公共空间，利用一面休闲风格隔断墙，开辟出双重功能空间。

🍃 3. 玻璃和墙体双隔断开辟三重空间

白色造型墙体实现客厅自身的区域界定，形成狭长的客厅空间。同时以玻璃门隔断开辟出另一休闲区，墙和玻璃门的双隔断实现对空间的三重分割。

1. 是玄关端景也是客厅背景的隔断设计

空间的入口处即为客厅空间，沿墙添设一面轻隔断，在作为玄关端景的同时又是客厅的电视背景墙，实现双重功能。

2. 柜体和玻璃隔断区隔功能空间

利用一面柜体墙和一面玻璃墙，在有限的空间内开辟出餐厅和书房两个空间。

3. 让空间流动的电视背景墙

在横梁下方设置一面矮柜作为电视背景墙，上方留白暗示空间流动，让客厅视线得到延展。

1. 矮墙和柜体切割出三重空间

沿着空间高度的中分线设置两个"∏"形隔断，将公共空间切割为三重空间，提供一定隐私保护功能的同时将空间串联起来。

2. 玻璃隔断打造空间端景

黑框镶边的玻璃屏风式隔断，将玄关处的端景挡在背后，制造更加丰富的景深，打造出富有层次的空间端景。

3. 隐藏室内景致的玄关端景隔断

向内延伸的宽阔空间在入口处设置一面造型隔断，将室内景致隐藏，充满艺术感的隔断造型为室内景观埋下伏笔。

4. 台阶和玻璃窗界定休闲区

抬高的地面台阶搭配木格玻璃窗，形成隔断组合，将室外的休闲阳台区与室内区隔开来。

5. 光带和隔栅打造隔断组合

两边对称的隔栅设计搭配地面的光带镶边，将室内和室外空间完美界定，形成隔断组合。

①

②

1. 玻璃和矮墙区隔书房和餐厅空间

作为餐桌背景的半截矮墙搭配全玻璃构造，在室内空间构筑起一个玻璃书房，将餐厅空间隔离出来。

2. 柜体轻隔断凸显空间层次

不对称搭配的搁板收纳柜形成一面小巧的轻隔断设计，区隔室内外空间，同时不阻断视线流动，凸显出空间层次。

3. 360° 旋转屏风式隔断

餐厅与客厅之间采用四扇夹纱玻璃屏风作为隔断，可360°旋转的设计让闭合和开放变得简易、灵活，串联两个空间的同时打造轻盈多变的空间端景。

③

1. 柜体隔断创造收纳空间
为避免实体墙的单调，运用一面柜体隔断来区隔公共空间，同时还可满足收纳需求。

2. 电视背景墙后的玻璃收纳屋
从电视背景墙一侧延伸出玻璃衔接，形成空间隔断，隐藏背后的功能空间。

3. 镂空门和玻璃窗打造通透空间
中式雕花推拉门和木格窗共同打造出一个独立而又与室内相连的阳台休闲区。

🌸 1. 艺术镜面制造纵深景观

镜面的白色涂鸦抽象画成为墙面的装饰画，同时镜面的反射功能拉伸卧室景深，制造纵深景观。

🌸 2. 玻璃和线帘打造梦幻书房

在卧室内利用玻璃屋打造一个情趣空间，同时又将线帘悬挂玻璃外，起到保护隐私的作用，打造出一间时尚梦幻的书房。

🍃 1. 界定区域而不阻断空间的长桌

在有限的空间内，开放式厨房和餐厅之间舍弃占用空间的实体墙，而是运用一张白色长桌来界定餐厨区域，同时保证了空间的通畅性。

🍃 2. 砖墙隔出乡村风格餐厅

在开放式厨房和餐厅之间沿墙砌出一截红砖墙，将餐厨区域的划分明朗化，同时配合餐厅的实木桌椅，共同打造出淳朴乡村风格的餐厅。

🍃 3. 双重功能的柜体隔断

在宽敞的卧室空间里，以柜体作为窗前的轻隔断不仅可以为睡眠区提供隐私保护，同时外侧收纳设计可以满足展示、收纳的需求。

🍃 大理石隔断区隔客厅和过道

原本一体的公共空间，通过一面电视造型墙界定出一条过道，将客厅空间独立出来，让空间的过渡更有层次感。

让收纳融入审美追求

AESTHETIC PURSUIT

无论空间大小，良好的隔断设计，将使空间功能最优化。而利用隔断的量体，并依据不同的空间属性，可以使隔断的收纳功能更强大，让收纳融入审美追求，让隔断承载更多功能诉求，不浪费任何空间。

让收纳融入审美追求 *Aesthetic pursuit*

无论空间大小，良好的隔断设计，将使空间功能最优化。而利用隔断的量体，并依据不同的空间属性，可以使隔断的收纳功能更强大，让收纳融入审美追求，让隔断承载更多功能诉求，不浪费任何空间。

1. 收纳柜体区隔实体空间

利用柜体隔断来取代实体墙隔断已经成为家居空间美化的好选择。一面搭配灯光设计的精致柜体本身就成为空间的优美端景，满足隔断功能的同时美化空间。

全方位多功能立体隔断

摒弃传统靠墙而设的客厅背景墙，采用立体独立造型柜作为电视柜、收纳电视及音响设备，同时四面均可利用于收纳及展示，打造出一个全方位、多功能立体隔断。

收纳柜墙打造隔断端景

沿墙而设的收纳柜覆盖整面墙壁，在收纳功能基础上融入设计元素，将原本单调的墙体打造成空间端景，让实体隔断墙更具观赏性。

🍂 1. 切割空间的柜体隔断组合

一直延伸至天花板的柜体沿着水平动线铺设成为一条柜体组合线,将公共空间切割成一条过道和内侧独立空间,满足家居收纳需求的同时实现空间区域划分。

🍂 2. 造型墙后的收纳搁板

电视背景墙以一面独立矮墙为造型,后面设置一面收纳柜的同时,矮墙中线位置以实木搁板镶嵌,打造一面隐藏在背景墙后的收纳空间。

🍂 3. 弧形隔断屏风暗藏收纳区

木格窗的隔断设计借鉴窗体风格,同时突破直线思维,设计成一面具有优美弧度的隔断屏风,将沙发、桌椅等摆放在弧度界定的区域内,形成一个小范围的收纳区。

🍂 4. 双面使用的造型隔断

厚实的集层材实木隔断兼做客厅电视背景墙和隔壁空间的造型墙,成为双面使用的造型隔断。

🍂 5. 区隔客厅和书房的隔断柜体

以柱体为支点,延伸出一面柜体墙,搭配灯光设计,实现丰富收纳和展示功能的同时将公共空间切割为客厅和书房两个并联又独立的功能空间。

1. 艺术隔断背后的餐厅空间

在舍弃实体墙隔断的公共空间内，运用一面彩绘轻隔断阻断视线的延伸，区隔出两个相隔却又相连的功能空间。

2. 实木隔断区隔餐厅和卫浴间

高档木作墙面区隔餐厅和卫浴间，同时舍弃门的设计，让独立的空间又保持联系，实现空间的整体统一。

3. 壁挂式柜体和石材的隔断组合

一面嵌入墙体且沟缝平整的收纳柜体和一面大理石造型隔断墙共同构建出一个餐厅空间。

🍃 1. 延伸隔断艺术感的收纳柜
充满抽象艺术感的客厅背景墙和沿着墙体边缘延伸出的柜体墙共同组合成一面隔断组合。

🍃 2. 嵌入鱼缸的隔断设计
台阶和柱体实现两个空间的区域界定，在柱体中间嵌入浴缸的设计，让隔断自身成为装饰空间的端景。

🍃 3. 清水模墙体打造质朴隔断
书房和外侧的客厅以两面造型墙隔断来界定，清水模墙面质地将自然、原始气息注入空间，打造质朴隔断。

🍃 1. 柱体、柜体、帘布的隔断组合

这是开放且串联的空间整体。以柱体、收纳柜、帘布共同构成一个轻隔断组合，将公共空间分割的同时也保证空间的串联、流动。

🍃 2. 门和收纳柜共同区隔内外空间

楼梯口下方设计成一间室内空间，通过门和门外的收纳柜区隔室内外空间，让实体墙的笨重隐藏在柜体和门打造的灵活隔断后。

🍃 3. 收纳矮柜区隔厨房和餐厅

开放式厨房和餐厅没有清晰的界定，而是通过矮柜隔断实现两个功能区域的划分，让功能分区得到体现，同时保证整体空间的宽敞、通透。

🍃 4. 隐性隔断区隔客厅和餐厅空间

沿着天花板上的横梁动线，在下方设置两个矮柜，形成上下呼应，打造客厅和餐厅之间的隐性隔断，区隔两个功能空间。

1. 镜面柜体界定吧台区

一面酒柜搭配一只收纳矮柜便界定出吧台区。木框镶边搭配镜面柜身拉长空间景深,让吧台区域隐于无形。

2. 双面柜体打造轻隔断

在客厅和外部公共空间之间,通过一只双面柜体打造充满中式风情的轻隔断。

3. 帘布灵活切割公共空间

为避免实体墙和柜体的重重束缚,采用帘布来区隔功能空间,打造最灵活、最简易的空间隔断。

🍂 1. 玻璃和实木共同打造通透书房
和式风格的书房通体采用木材和透明玻璃，打造出一间光线充足、视野通透的书房。

🍂 2. 吧台的三重功能
实木吧台和上方的木作线共同构成空间隔断，同时吧台柜面和柜体集隔断、收纳、展示功能于一体。

🍂 3. 石柱提升空间层次
高挑的木材屋顶空间以一根石柱屹立其中，在界定空间格局的同时提升空间层次感。

🍃 1. 柜体隔断划分公共空间

全实木打造的开放式厨房和窗外的绿色美景共同打造自然家居风，"L"形柜体自然形成厨房和餐厅的区域界定，划分公共空间。

🍃 2. 屋梁造型和玻璃门打造混搭隔断

从天花板延伸下来的木作墙造型衔接玻璃门，形成一面造型独特的混搭隔断，切割公共空间。

🍃 3. 柱体隔断暗藏收纳空间

纯白柱体底部是一只椭圆造型，提升空间层次的同时暗藏收纳功能。

1. 收纳搁板打造空间轻隔断

在空间上方通过三层搁板创造收纳空间，下方的留白实现空间流动，打造出灵活的轻隔断。

2. 隐私与通透兼顾的软隔断

玻璃门隔出书房和休息区，使光线充足，在玻璃门上铺设一层百褶窗帘，兼顾保护隐私。

3. 蜂巢概念空间的创意隔断

以蜂巢概念打造的柱体成为空间的创意手笔，同时具有界定餐厅和客厅区域的隔断功能。

🍃 1. 木格窗区隔餐厨空间

白橡木格子玻璃门在餐厅和厨房之间形成一面轻隔断，界定餐厨空间。

🍃 2. 隐入墙体色调的收纳柜

与墙壁几乎融为一体的白色矮柜与墙体共同构成空间隔断，同时兼具收纳功能。

🍃 3. 嵌入墙体的收纳橱窗

白色格子玻璃门窗将实体墙改造成一面橱窗风格的隔断造型墙。

🍃 1. 造型墙也是收纳墙

集层材设计的电视背景墙采用凹槽设计，将音响设备嵌入式收纳，实现双重功能。

🍃 2. 砖石隔断打造收纳角

沿墙动线延展出一面砖体矮墙，实现餐厅和厨房的划分，同时在砖墙后开辟收纳角。

🍃 3. 弧度造型墙开辟收纳吧台

两面弧度造型墙体构成吧台区，同时将餐厅和吧台区分开来，打造立体隔断组合。

1. 完整玻璃门打造通透视野

一整面完整玻璃门实现餐厅和外面空间的区隔，同时保证充足采光，将户外景色引入玻璃框内，打造出没有阻断的通透视野。

2. 不规则吧台构建餐厨一体空间

整个公共空间一分为二，右边的厨房空间内通过一张不规则摆放的吧台进一步界定厨房和客厅区域，吧台同时作为用餐的餐桌，实现餐厨一体化。

1. 石材和木料打造隔断组合

大理石柱体搭配木作面构成的隔断造型错落排列在空间中，形成隔断组合，打造空间层次感。

2. 组合式柜体分割空间领域

连接天花板的上下柜体，搭配一侧延伸出的基层板材，形成过道隔断，以收纳柜体界定走道动线。

3. 双面使用的柜体墙

餐厅和书房空间以一整面柜体墙区隔，全面包覆墙面的柜体提供巨大收纳空间，同时取消门的设计让空间视野更加开阔。

创造品质生活的通透视野
INSIGHTFUL
FIELD OF VISION

家居空间里越来越多的轻隔断设计取代传统的实体墙，让整体空间更加通透、明朗，实现家居风格的统一。运用玻璃、珠帘、开放式柜体等穿透材质或镂空设计将光线引入，使室内光线充足，或是借此达到放大空间的效果，都可以创造通透的空间印象。

创造品质生活的通透视野 Insightful field of vision

家居空间里越来越多的轻隔断设计取代传统的实体墙，让整体空间更加通透、明朗，实现家居风格的统一。运用玻璃、珠帘、开放式柜体等穿透材质或镂空设计将光线引入，使室内光线充足，或是借此达到放大空间的效果，都可以创造通透的空间印象。

在过道一侧利用木格栅窗和沙发打造一处休闲地带，以木格栅将背后的花卉和绿植盆栽景致纳入其中，实现取景功能。

令人惊叹的窗花设计

两扇精美的窄幅中式窗花将客厅和收藏室进行区隔。镂空设计让两个空间形成富有韵味的串联，打造令人惊叹的中式美感。

园林概念打造中式韵味

以中式古典园林概念打造的雕花门景构成富有层次的灵动隔断，将公共空间切割成富有中式韵味的纵深景观。

🍃 1. 穿透式的一墙两面借景
博古架打造的古董收藏品展示柜以镂空的造型使空间视野通透，同时成为书房和客厅两个空间的共同景致，实现两面借景的功能。

🍃 2. 中式镂花隔屏的隐约意境
在实体墙中间开辟一块镂空屏风隔断，打造隔而未隔的隐约意境，让空间更富有层次美感。

🍃 3. 藏与露的虚实隔断端景
开放式收纳柜以木格造型搭配灯光设计，运用藏与露的概念，打造出一面虚实相间的空间端景，营造惊艳视觉的同时凸显层次美感。

🍃 4. 隔栅与玻璃结合取代实体墙
纵横交织的隔栅屏风搭配玻璃形成一面隔断造型墙，将厨房空间和走道区隔开，避免了实体墙的厚重。

🍃 5. 串联空间的玻璃窗
墙体的下半截部分以实体墙区隔空间，上方以玻璃窗取代实体墙，将两个空间景致串联起来，实现空间统一性。

🍃 6. 延伸客厅景深的玻璃隔断
沙发背景墙以木镶边的玻璃窗取代实体造型，将客厅视线向室内延伸，延伸客厅景深。

🌿 1. 隔栅与玻璃营造出穿透感

主卧的一面墙体以中式镂空屏风打造，配以玻璃镶嵌，形成具有视觉穿透感的中式风情卧室。

🌿 2. 打造视觉情趣的玻璃浴室

卫浴间在卧室会占用不少的空间，而用玻璃材质构建卫浴间不仅在视觉上具有通透性，不影响室内的宽敞度，同时还可以营造生活情趣。

🌿 3. 端景隔断暗示空间延续

入口处的一面端景隔断暗示空间切割线的延续，将公共空间划分为两个区域。

🍃 1. 矮桌隔断串联生活空间

一张矮桌将公共空间划分为两个平行功能区域，同时在空间上方保持了整体流动性。

🍃 2. 博古架隔断装点餐厨空间

将厨房和餐厅之间的隔断设计成博古架造型，并以古董饰品点缀，将原本单调的餐厨空间装点得古色古香。

🍃 3. 玻璃门让空间自由穿透

通透的玻璃门加上白色木质镶边，让两个空间在视觉上自由穿透。

1. 玻璃屋书房延伸客厅景观

全玻璃材质打造的书房虽然与客厅隔断，却延伸了客厅的视觉景观。

2. 随梯而设的玻璃隔断

沿着楼梯走向添设一面玻璃隔断，将餐厅空间更好地界定。

3. 隔栅和底座的造型组合

隔栅造型搭配下方的白色底座，共同构成两个空间的隔断。

1. 橱窗概念打造端景隔断

将厨房实体墙面凿空，在空白处添设一个玻璃橱窗，内置卵石和树景，打造连接内外空间的端景隔断。

2. 白色玻璃盒概念隔断

将客厅的两面墙体全部改造成玻璃门，营造出一个宛若白色玻璃盒的纯净空间。

3. 若隐若现的玻璃隔断

不仔细观察很难发现客厅和餐厅之间的那面玻璃墙，打造出了若隐若现的隔断效果。

1. 玻璃隔断防止油烟入室

在厨房中添置一面透明玻璃隔断，并以不锈钢镶边，不造成视觉狭促感的同时也可防止油烟进入室内空间。

2. 镜面格子窗景拉大书房景深

在书房内用格子镜面墙打造出两个虚实空间，延伸书房景深，提升空间张力。

3. 玻璃隔断打造宽敞空间

卫浴室内的淋浴区采用玻璃进行封闭式隔断，不仅可以保证干湿分离，同时让卫浴间在视觉感受上更加明亮、宽敞。

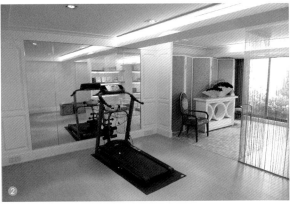

1. 收纳柜隔断延伸空间

推倒连接两个功能空间的实体墙，采用极简的搁板收纳柜隔断空间，开放式格局让空间视觉延伸，同时放大室内空间的视觉面积。

2. 镜面和珠帘的双重隔断

健身房内的镜面背景墙延伸空间景深，玻璃门搭配珠帘打造的轻隔断让室外的阳光可以充分照进来。

3. 三面隔断打造通透空间

在并不宽敞的书房空间中，三面墙体分别为镜面门、开放式橱柜、窗体，形成一个三面隔断共同打造的通透空间。

🍂 1. 悬空收纳柜打造灵动隔断

两根白色柱体之间嵌入一面立地实木柜体，然后从柱体上方交错延伸出两个悬空柜体，在同一水平面内构成一面灵动隔断，区隔书房和餐厅空间。

🍂 2. 珠帘和造型柜的虚实交错

不规则造型收纳格沿着背景墙面伸出，搭配从天花板垂落下来的珠帘，形成一面虚实交错的优美隔断。

金属造型隔断放大空间视觉

波点镂空造型的金属板材隔断将客厅和过道空间区隔开，同时镂空设计放大客厅空间视觉。

🍃 **1. 延伸卧室视觉的玻璃浴室**

半开放式艺术玻璃隔断将卧室和卫浴间隔开，同时延伸卧室的视线。

🍃 **2. 艺术玻璃窗美化空间**

带有印花图案的玻璃隔断让空间景致更富有层次感。

🍃 **3. 木框加珠帘打造朦胧美感**

木框造型隔断搭配珠帘，打造出朦胧纯美的软隔断。

1. 吧台打造休闲隔断

厨房是油烟重地，设置一个西式吧台将厨房和外侧空间隔开，同时将休闲情调带入家居生活，可谓一举两得。

2. 艺术玻璃和木材的独特组合

两块高档板材中间夹入一面艺术玻璃，形成立体造型隔断，同时以对称组合形式出现，打造出餐厅和客厅之间的独特隔断端景。

🍃 1. 中间留白的隔断艺术

下方大理石台面和上方石柜的组合打造出一个中间留白的吧台，将厨房空间和外侧空间隔断，更富有视觉趣味。

🍃 2. 线性隔断的清透感

纵横交错的纯白木片组合成两个空间之间若有若无的线性隔断，区隔功能空间的同时营造清透感。

🍃 3. 镜面隔断拓展宽度

在狭长的卫浴空间运用镜面墙拓展空间的相对宽度，延伸视觉效果。

实现空间自身的层次美感
SPATIAL LEVEL

善于利用层次设计达到视觉和景观的移步换景是中国园林设计的精髓。如今，园林的设计概念被广泛应用于家居空间，利用视觉上的差别，将空间区隔于无形，丰富空间层次。充满层次感的设计会让有限空间呈现千种面貌。

实现空间自身的层次美感　Spatial level

善于利用层次设计达到视觉和景观的移步换景是中国园林设计的精髓。如今，园林的设计概念被广泛应用于家居空间，利用视觉上的差别，将空间区隔于无形，丰富空间层次。充满层次感的设计会让有限空间呈现千种面貌。

双隔断组合展示空间层次

巨幅菱格纹切割镜面搭配木作镶边，一直延伸至天花板，凸显客厅恢弘气度，镜面墙同时打造一面以欧式花纹壁纸镶嵌木作造型隔断的隔断，双隔断组合充分展现空间层次美感。

1. 立体隔断切割多重空间

厨房空间作为室内一个独立功能区，本身也起着隔断作用，将公共空间划分为餐厅、客厅等多重空间，打造空间紧凑格局。

2. 墙、柜、线帘的三重奏

餐厅背景造型不是单纯的墙体，而是以一面铺陈壁纸的独立造型墙搭配矮柜，上方留白空间以线帘点缀，打造出一面灵活精致的隔断组合。

🍃 1. 复式空间的挑高隔断造型

在复式空间内，客厅设置在楼梯出口的位置，一直延伸至天花板的木作隔断造型墙独立出客厅空间，同时避免了挑高空间视觉上的一览无余，凸显恢弘气势。

🍃 2. 制造层次景深的楼梯口隔断

在楼梯口处设置一面集收纳和展示于一体的柜体，将餐厅和外侧楼梯隔开，同时制造富有层次的纵深景观。

🍃 3. 部分隔断延续空间视觉

电视背景造型取代实体墙，以一面小巧隔断造型来延伸空间视觉。

🍃 1.利用隔断打造双重风格空间

利用隔断造型墙和地板材质及颜色的转变，将原本单一的空间切割为两个功能区，打造出双重风格空间。

🍃 2.间隔造型墙组切割公共空间

在同一条直线上设置的玻璃推拉门、造型墙、柜体以间隔的形式共同构成隔断组合，将公共空间划分为客厅、过道、功能区三个平行空间。

🍃 3.暗示空间转折的中央隔断

两面对折的木作墙将公共空间划分为左右两个区域，暗示空间的布局和走向。

1. 屏风隔断打造中式空间

一面轻薄的中式屏风隔断将就餐区和外间区隔开，打造有层次感的中式空间。

2. 高度落差打造空间层次美感

楼梯口的平台借助高度和下边公共区域形成自然隔断，通过高度落差打造空间层次美感。

3. 墙体动线引导空间区域划分

独特的墙体造型引导空间动线切割，搭配地板材质和色彩转换，共同完成空间的区域界定。

4. 高低有致的地面隔断法

立体隔断并不是空间布局的唯一选择，通过台阶和地板的设计也可以实现空间的区域界定。

1. 是隔断也是办公桌
在没有设置实体墙的公共空间内，添设一张办公桌，同时成为界定客厅和书房的隔断，具有双重功能。

2. 木作造型切割空间视线
原木背景墙前加设一张独立悬挂于空间的木作造型墙，将客厅空间进一步分割，使空间层次分明。

3. 造型墙组引导走道动线
同一水平面上、不同材质的造型墙形成断续的组合隔断，引导过道动线。

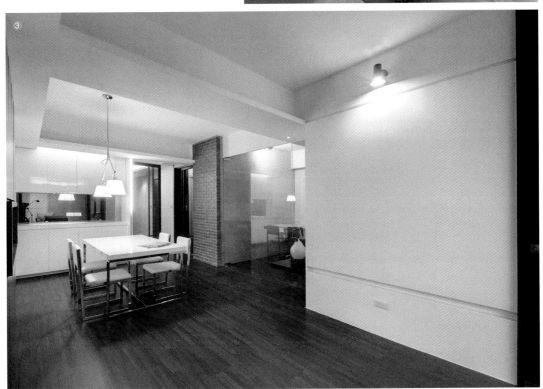

1. 灵巧隔断打造迷你空间

利用一只小巧造型电视柜将紧凑的空间二次分割，打造出迷你功能分区。

2. 天花造型和地线的双重隔断

方形的天花板设计搭配正下方地板裙线轮廓，共同构成天地隔断组合，界定客厅空间。

3. 向内发展的厨房吧台

将吧台向厨房内延伸，将厨房空间进行层次划分，实现空间的紧凑利用。

1. 横竖叠加隔断的视觉张力
在木作收纳柜隔断公共空间的基础上，从柜顶延伸出一块巨幅木板造型设计，打造出空间的视觉张力。

2. 展示架和镜面组合的疏朗美
空间采用多幅艺术镜面和展示架相组合的设计，营造空间的疏朗美感。

3. 砖墙砌出多格局空间
两面砖体墙的设置将室内空间划分为多个区域，形成多格局的空间特色。

1. 光带设计分割立体空间

不规则形状的天花板线条搭配边缘光带和下方的光带设计共同构成空间隔断，实现对空间的不规则分割。

2. 平行空间切割术

沿窗动线形成狭长的矩形空间。利用造型隔断将狭长地带划分为一个个平行空间，实现同一空间的多重切割利用。

3. 镜面的空间造景术

狭长的走道两侧利用镜面可以拉伸相对宽度，同时实现空间取景，打造过道端景。

4. 台阶和夹心·隔断打造恢弘气度

三级台阶利用抬高地板实现区域界定，搭配两侧对称的夹心隔断造型，打造恢弘气度。

🍃 1. 镜面和隔栅打造百变空间

在相对狭长的临窗过道空间内开辟一方休憩区，利用木格镜面镶嵌的取景效果和隔栅窗体的通透视野，打造出随镜景和窗景而变的百变空间。

🍃 2. 多重隔断创造多重空间

玻璃推拉门、造型墙、展示柜，多重隔断将公共空间分割为多重功能区。

🍃 3. 隔断的空间藏景艺术

将客厅设置在楼梯口转角，在入口处设置两面隔断造型可以有效遮盖客厅的一部分景观，避免出现一览无余的视觉空旷感。

1. 书柜的留白隔断法

靠墙而立的书柜并不塞满书本，而是零星摆放书本和装饰品让开放式书柜同时串联起两个空间的景观。

2. 夹层隔断法打造层递空间

像夹层饼干一样，利用一面面柜体墙将公共空间层层分割，打造出逐层递进的空间格局。

3. 墙体动线自成隔断

家居空间中通过空间墙体布局形成不同功能分区之间的天然隔断，实现各功能分区的自然过渡。

DIRECTORY 指南

图书在版编目（CIP）数据

开启梦想家居的 5 把密匙 神奇隔断 / 博远空间文化发展有限公司 主编 .
– 武汉 : 华中科技大学出版社，2012.11

ISBN 978-7-5609-8538-1

Ⅰ . ①开… Ⅱ . ①博… Ⅲ . ①住宅 – 隔墙 – 室内装饰设计 – 图集 Ⅳ . ① TU241-64

中国版本图书馆 CIP 数据核字（2012）第 276255 号

开启梦想家居的 5 把密匙 神奇隔断

博远空间文化发展有限公司 主编

出版发行：华中科技大学出版社（中国·武汉）
地　　址：武汉市武昌珞喻路1037号（邮编：430074）
出 版 人：阮海洪

责任编辑：熊纯　　　　　　　　　　　　　责任监印：秦英
责任校对：王莎莎　　　　　　　　　　　　装帧设计：许兰操

印　　刷：中华商务联合印刷（广东）有限公司
开　　本：787 mm × 1092 mm　1/16
印　　张：5
字　　数：40千字
版　　次：2013年3月第1版 第1次印刷
定　　价：29.80元（USD 6.99）

投稿热线：（020）36218949　　　1275336759@qq.com
本书若有印装质量问题，请向出版社营销中心调换
全国免费服务热线：400-6679-118 竭诚为您服务